WOMEN ZHANGDA LE

我们长大了

知更鸟日记

[美] 艾琳·克里斯特洛　著绘　马阳阳　译

广西师范大学出版社
GUANGXI NORMAL UNIVERSITY PRESS
·桂林·

知道我们是谁吗？

我们是知更鸟！

看，我们身上还有黑白相间的斑点！这是因为我们年纪还小，才几个月大，是知更鸟里的小朋友呢！

为什么我们会住在你家院子里呢？

我慢慢说给你听。

就从爸爸的长途旅行说起吧。

你是说咱们出生之前的事儿吗？

冬去春来，白昼渐长，知更鸟们开始闲不住了。他们该组建新家庭了。

一开始，知更鸟们朝北方飞去。那里经过漫长的寒冬之后，土地正在解冻，不久就会有许许多多的美食供鸟宝宝们吃。有肥嫩的蚯蚓，有刚从幼卵孵化来的昆虫，再过几个月，还能吃到新鲜的水果呢。

从南到北，要飞越整个国家，几百万只雄鸟率先出发了。当然，爸爸也在队伍之中。

他们一路上不吃不睡，还要应对各种危险，历尽了千辛万苦。

爸爸差点被一只饥饿的猎鹰抓住！

幸好下起了暴雨，他才成功逃脱！

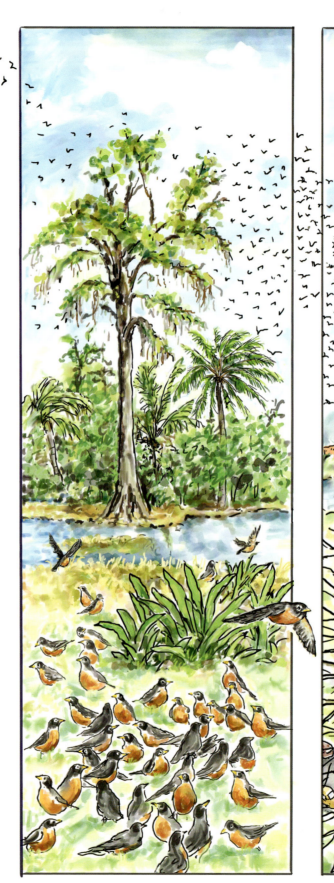

在两个星期的时间里,他们飞行了几百公里。爸爸终于到达了一个他熟悉的地方,这里离他去年养育幼鸟的地方不远。

现在,他要找到一块属于自己的领地。

要找个安全的地方盖窝、躲避天敌……

……还得有水和长虫子的肥土才行!

爸爸挑中了一个树木环绕的地方，草坪中生活着许多饱满多汁的虫子。"这个地盘属于我，属于我，属于我。"他唱起了歌儿。

有几只雄鸟也想搬来住，都被爸爸赶到了隔壁。

几个星期以后,雌鸟们飞来了——妈妈也来啦!她听到了爸爸的歌声,在吃美味的虫子早餐时碰到了他。爸爸看上去很健壮,最适合做知更鸟宝宝的爸爸了,于是妈妈留了下来。(爸爸没有赶她走哟!)

妈妈一从长途跋涉的劳累中休息过来,就开始选址盖窝。盖窝的地方一定要安全,要既能躲避天敌,又能遮风挡雨。妈妈把窝盖在了木棚里面的锄头上。

妈妈飞来飞去寻找柴草、小树枝和枯叶,来回飞了好几百次。看!里面还夹着一根红绳儿呢!她用爪子和翅膀拍打着湿泥,把所有东西都粘在一起。几天以后,一个碗形的鸟窝就盖成了。

等湿泥干透了,再用软草垫一圈。

鸟窝就是摇篮……

是给鸟宝宝住的摇篮……

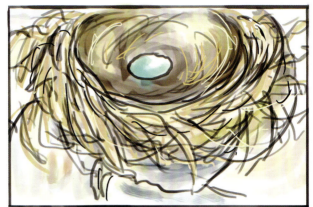
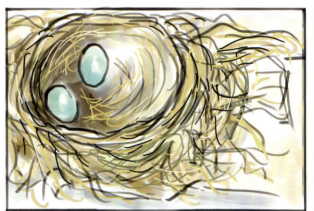

妈妈每天都会生一枚蓝色的鸟蛋，这是用来孵小鸟的。四天以后，她为接下来的任务做好了准备。

爸爸的任务是什么？

他负责帮妈妈生出孵小鸟的蛋，还要保护鸟窝。

妈妈趴在鸟蛋上，用体温给蛋加热，这样鸟宝宝才能在里面长大。妈妈还会不时地翻蛋，使蛋的温度保持均衡，不然，鸟宝宝可就被困在壳里出不来了！

就算妈妈出去找食，也不会离开鸟窝太久。

11

一天,妈妈出去了,一只松鼠侵占了我们的窝!幸好妈妈回来得及时,发现了他!

爸爸啄着他的后背，一路把他赶进了树林。

这样一来，只剩下三枚鸟蛋了。

妈妈抱了十三天窝。然后,第一枚蛋开始破壳了。

小小的鸟嘴上露出了一颗破蛋小牙。

咔咔,咔咔,咔咔……

是鸟宝宝!他正使劲儿往外挤!

妈妈啄掉了一点儿蛋壳。

这时,鸟宝宝需要在她温暖的肚子下休息休息才能继续往外挤。

几个小时后,鸟宝宝出生了。他累极了,连抬头吃食的力气也没有。

第二天,我们三个都出生了,是那么弱小,身上的白色绒毛都扭到了一起。我们的眼睛还没睁开,可一感到鸟窝在轻微地晃动,就会把黄澄澄的嘴张得大大的。是妈妈,还是爸爸?

"喂我!喂我!"

我们的肚子一直都很饿!

我们吃的是宝宝餐!

是爸爸妈妈倒嚼过的虫子!好吃极了!

出生第六天

我们的眼睛睁开了,也开始长出羽毛。我们能吃大鸟的食物了——断开的蚯蚓、毛毛虫,还有蛾子!

"喂我!"

"喂我!!"

我们吃过食物,一会儿就拉出白色的泡泡大便,爸爸妈妈要么把这些泡泡吃下去,要么清理出去。他们不停地飞来飞去,却时刻留神着窝。

出生第一周，我们身上的羽毛还不多，妈妈晚上会抱着我们，有时白天也会这样，使我们暖暖和和、干干爽爽的。躲在妈妈的肚子下面好舒服呀！

出生第八天

我们又长羽毛啦！

每根羽毛都从草秆一样的管儿里长出来。当我们四处移动或者用嘴和爪子挠抓时，这些管儿就破碎脱落了。这样，羽毛就能舒展开啦！

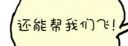

羽毛能保暖，保持干燥……

还能帮我们飞！

在两周的时间里,我们吃了三百五十只昆虫,吃掉的蚯蚓连起来有四点二米长——这只是一只鸟宝宝的食量!我们吃着营养丰富的美食,个头儿长得飞快,就快赶上爸爸妈妈啦!

知更鸟没有牙齿。

食物是在砂囊里磨碎的。

食物被吞进食道后,食道会扩张。

砂囊

出生十四天

几天前，我们能站在鸟窝边上拍打翅膀啦！今天，有一只鸟宝宝会飞啦！

过了几个钟头，另一只鸟宝宝也飞起来啦！现在，鸟窝里只剩一只鸟宝宝了。

这只鸟宝宝听到哥哥的呼唤,也踩上了鸟窝的边缘。

然后纵身一跃!

他不停地拍打着翅膀,拼命往下扇动……

终于,他也飞了起来!

……拍打,

　　……下落。

　　　……飞起,

　　　　……下落,

　　　　　落啊,

　　　　　　落啊,

　　　　　　　落了下来。

啪！跳，跳跳……

咦，大家去哪儿了？

妈妈飞了过来。"啾！啾啾！跟我学！"

突然……

"啾!叽叽叽!"爸爸大声叫着,"危险!有危险!"

哪儿呢?哥哥跳呀跳呀,拍打着翅膀……

……他使劲儿拍打着翅膀,一直往高大的植物丛里躲。

他终于停了下来,心脏咚咚咚地跳着。

最后,妈妈叼着一只肥美多汁的蛾子过来了。

好多鸟宝宝都被猫咪害死了!

出生十五天

我们一起回来了。爸爸妈妈把我们藏在高大的植物丛里,我们身上的条纹羽毛能起到一点儿伪装作用。

我们十分无助——不知道怎么寻找食物,也不太会飞。我们简直一无所知!

爸爸妈妈得教我们!

这主要是爸爸的任务。妈妈正在盖新窝,好养育更多的鸟宝宝。

怎么学习飞行呢？我们跳呀，跑呀，拍打翅膀，拍呀，拍呀，锻炼翅膀和腿。几天之后，我们能飞一小段距离了。我们的尾毛还在不停地生长着。

我们已经飞得很好了,爸爸带领我们飞到附近一棵特别的树上。我们就在那儿与其他知更鸟爸爸还有他们的宝宝一起过夜。这里是我们的栖息地,成群的鸟儿互相放哨。

在栖息地睡觉很安全。

还能见到别的知更鸟!

出生三周

我们长得更壮实了,尾毛也长满啦!不过,还得依赖爸爸喂食。

清晨爸爸去抓虫子时,我们在后面一路跟着,等着吃好吃的。

开始爸爸把虫子丢在地上,让我们找。我们刨呀,啄呀,抓呀……
后来找到了小窍门。

歪一歪脑袋,会看得更清楚,听得更清晰!练习了几次,我们就能找到蛾子、蜘蛛、毛毛虫和蚯蚓啦!

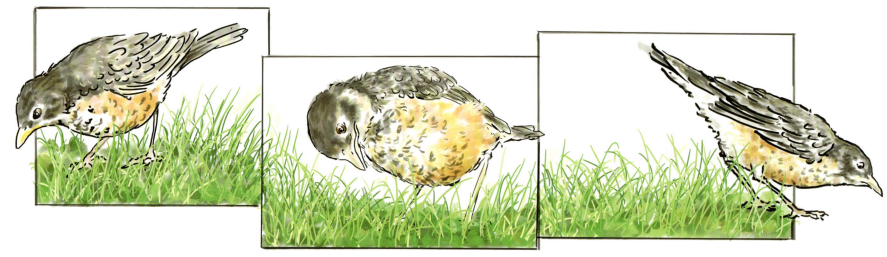

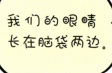

我们的眼睛长在脑袋两边。

是的,我正直勾勾地看着你呢!

出生六周

现在,我们能自己找食吃了,可是真的好难找呀!

有时,我们还是想让爸爸喂。瞧,弟弟正在请求爸爸:"叽叽,叽叽叽!"

可爸爸不理弟弟……他在听什么声音呢!"喂!喂!"这是另一只知更鸟在提醒我们,有入侵者。

爸爸一下飞了出去。

"啾!啾啾啾!"爸爸在警告入侵者。

我们兄弟两个躲进了树丛里。可是弟弟还在请求爸爸:"叽叽,叽叽叽!"

"啾,啾——"

呼哧!我们听到了翅膀击打的声音。是鹰!是鹰的尖叫声。

四周突然安静了下来,妹妹被抓走了。爸爸妈妈一路尖叫怒骂着去追老鹰,可是老鹰飞走了。妹妹被他的爪子抓着在空中摇晃着,她成了老鹰宝宝的午餐。

我们静静地躲着,直到老鹰的尖叫声消失,树林里又恢复了原样。这时,爸爸的叫声传来:"啾!啾啾啾!"

我们马上应声:"叽叽,叽叽叽!"很快,爸爸就找到了我们。

我们在学习知更鸟的语言。

这样就能跟别的知更鸟交谈了。

爸爸带领我们来到附近的小溪。我们拍打着水花，抖动着羽毛，让溪水浸湿皮肤。好舒服！

我们在阳光下晒干，梳理羽毛——打油、抹平，再理顺羽毛，啄掉没洗干净的灰尘或是叫人发痒的虱子。

往羽毛上打的油是尾脂腺分泌的。

想飞就得保持羽毛干干净净、油亮亮的，还要干燥。

出生八周

我们就要成年啦!每天跟着栖息地的朋友们一起到处飞翔,也常常观察年长一些的知更鸟,边看边学。

一听到知更鸟乱哄哄的怒叫声,我们就会飞过去查看——当然也会保持距离,保证安全。

出生三个月

现在，周围有了更多的知更鸟！

鸟妈妈和新孵化出来的鸟宝宝都加入到我们的队伍中。

明年之前，不会再有更多的鸟宝宝了，知更鸟们也不会再为抢地盘或者保护鸟宝宝而争吵不休了。他们又成了朋友，一起四处飞行。

这时，我们有了新发现！

我们一直在观察比我们大的知更鸟去哪儿找食。

他们总是在那棵树附近晃悠。

我们飞过去一看,发现他们在摘山楂!我们仔细看了看,也想摘一些。摘果子和抓虫子一样费劲!一开始,吃掉地上的果子要比自己摘容易一些。

出生五个月

知更鸟开始为过冬做准备。我们把自己喂得饱饱的,身体长得更加膘肥体健。也到了换毛的时候:褪下磨损的旧毛,换上崭新的羽毛。

每只知更鸟都很烦躁。是要发生什么事儿吗?

有了崭新柔嫩的羽毛保暖,我们就能过冬啦!可是在北方寒冷的冬天里,蚯蚓深深地钻进了地下,昆虫消失得无影无踪,树上的果子也所剩无几了。

大部分鸟儿开始南飞,在南方能找到他们喜爱的食物。

当然了,我们也会一起飞走。

这就是我们的成长之旅!

我们明年还会回来!

作者后记

数年之前，刚进五月的一天，一只知更鸟在我们家花园木棚里挂着的锄头上盖了一个鸟窝。我丈夫要用锄头，就把鸟窝挪开了。可那只知更鸟还没等他用锄头，就在上面又盖了一个鸟窝。

"你可以借把锄头。"我说，"盖窝可不是件容易的事儿，她这么执着地要在你的锄头上安家，肯定有原因。"

接下来的四个星期，每次我们去木棚里找耙子或者铁锹，知更鸟妈妈都会慌慌张张地飞到旁边的树上去。她和配偶会叽叽喳喳地冲我们叫个不停，直到我们退出去。

尽管会被叫嚷，我们还是瞧了那个鸟窝一眼。鸟窝盖得很高，我们只能猜测里面有什么。第四个周末，我们发现有三只羽翼丰满的小鸟站在鸟窝的边缘，低头瞧着我们。

两天后，他们不见了！

这四个星期的时间，鸟窝里到底发生了什么？那些小鸟又去哪儿了？我开始翻阅有关知更鸟的资料，开始了这项工程。

两年时间过去了，我对周围树林里生活着的动植物更加关心了。我希望这本书也能激励你们这么做。

生词表

同窝鸟（BROOD）：同一窝孵出的小鸟。

抱卵点（BROOD PATCH）：鸟妈妈肚子上那块没长羽毛的皮肤，用来暖蛋。孵化季节过后，那里会重新长出羽毛。

伪装色（CAMOUFLAGE）：帮助动物跟环境的颜色融为一体，使动物不被发现。

蛋牙（EGG TOOTH）：幼鸟喙上的坚硬突起，用于戳破鸟蛋，破壳而出。蛋牙在幼鸟出壳之后不久脱落。

长大离巢（FLEDGE）：幼鸟长大，离开巢穴。

学飞的幼鸟（FLEDGLING）：刚刚离巢的幼鸟。

鸟群（FLOCK）：一起觅食、休息、飞行的一群鸟儿。

砂囊（GIZZARD）：鸟胃的一部分，用肌肉磨碎食物。（有时候，鸟儿会吞下沙砾和鹅卵石，辅助磨碎食物。）

孵化（INCUBATE）：保持鸟蛋温暖，使鸟儿破壳而出。

栖息地（ROOST）：鸟儿们晚上一起休息的地方。通常在茂密的树丛或者灌木丛中。

迁徙（MIGRATE）：鸟类随季节迁徙，从一个地方飞往另一个地方。大部分知更鸟在早春时节飞往北方，在秋末飞往南方。

换毛（MOLT）：鸟儿褪下旧毛，长出崭新柔嫩的羽毛。

天敌（PREDATOR）：捕食其他动物的动物。猫头鹰、老鹰、猫、蛇都是知更鸟的天敌。知更鸟则是蚯蚓和昆虫的天敌。

梳理羽毛（PREEN）：鸟儿清洁并且理顺羽毛的动作。

知更鸟知识小问答

知更鸟的寿命有多长?

知更鸟的幼鸟会面临很多危险,只有四分之一的鸟宝宝能活过六个月。如果它们能撑过第一年,那么就有可能活到六岁。迄今为止活得最久的知更鸟寿命为十四岁。

知更鸟的蛋有多大?鸟窝有多大?

知更鸟的蛋有一颗青葡萄那么大。鸟窝里的空间大约有一个棒球大小。

新破壳出生的知更鸟有多重?

刚破壳而出的鸟儿重约五点五克,有一枚一元硬币那么重。两个星期以后离巢时,体重可以增加十倍,也就是十枚一元硬币的重量!

成年知更鸟的体重在七十克到八十克之间。

知更鸟一个繁殖季能孵几窝小鸟?

知更鸟每年交配一次,一般孵两窝,有时孵三窝。鸟妈妈每孵一窝都会在另一个地方重新盖一个鸟窝。

知更鸟一整年都在歌唱吗?

唱歌的都是雄鸟,它们只在繁殖季节的清晨和夜晚歌唱。"叽叽叽叽,叽叽喳喳,叽叽!"它们唱歌鸣叫是为了保护地盘,吸引雌鸟。雌鸟用来传达信息的叫声比较短促,雄鸟也会发出这种叫声:"啾,啾啾啾啾!"

知更鸟吃什么?

知更鸟的食谱中,大约有百分之四十是蚯蚓和昆虫,另外的百分之六十是水果。知更鸟的喙细长,适合食用柔软的食物。它们不吃植物的种子,所以在你放置的喂鸟器周围见不到它们的身影。

为什么知更鸟在春天的繁殖季要往北方迁徙?

因为北方有食物和更大的地盘!它们在南方时,一直过着群居生活,一起觅食水果和昆虫。可在繁殖季,它们需要有自己的地盘,鸟宝宝成长需要蛋白质,还得有蚯蚓和昆虫等食物。

知更鸟北迁时,它们会回到自己出生的地方吗?

有些会,有些不会。有关知更鸟的带状研究发现,多达百分之七十的知更鸟会返回它们出生地的方圆十六公里到三十二公里之内。

知更鸟从南方迁徙至北方需要多久？

知更鸟跟随春季解冻的节奏迁徙，气温骤降，它们就会停滞不前。同时，它们也需要休息、觅食！天气晴好的日子里，它们每天能飞大约三百二十公里。根据天气状况和目的地的远近，知更鸟的迁徙可长达几天到几个星期不等。

知更鸟在迁徙时怎么认路？

人类还在研究这个问题。鸟儿体内像有指南针一样，知道哪个方向是北。其实，知更鸟这类在白天迁徙的鸟儿，会利用太阳的位置定位，也会使用河流等定位，还会通过地球的磁场定位。

所有知更鸟都会迁往南方过冬吗？

大部分知更鸟会飞往南方过冬。不过，在美国北方地区，冬天也经常见到知更鸟。只要有山楂或者浆果吃，它们就能忍受寒冷的天气。如果雄性知更鸟留在北方过冬，那么它就能在春天抢先占到地盘、盖窝。

冬天知更鸟如何保暖？

知更鸟会蓬松起表层的羽毛，使温暖的空气贴近身体，这样它们就会变得圆滚滚的，显得特别胖。它们也可以通过消耗大量能量——发抖，维持身体热度。

夏天知更鸟怎么乘凉？

鸟儿通过喘气散热降温。（我们人类是靠出汗。）

知更鸟幼鸟何时可算作成年？

破壳一年以后。

羽毛

知更鸟有大约两千九百根羽毛，分为廓羽和羽绒。廓羽包括翅膀、尾巴和身体表面的羽毛；羽绒位于廓羽下面，像一件羽绒夹克一样，可以保暖。成年知更鸟夏季换毛时，廓羽和羽绒都会换掉。而幼鸟则只换幼羽，不换用于飞行的翼羽。

感官

知更鸟的视觉和听觉敏锐，味觉和嗅觉稍差。

知识问答文献来源

《鸟之体验——鸟的生活什么样》，蒂姆·波克海德，布卢姆斯伯里出版社，2012

《美国知更鸟——后院学院》，伦·艾瑟勒，泰勒贸易出版社，1976

《西布雷指南：鸟类生活及行为》，大卫·阿伦·西布雷 绘，克里斯·艾尔菲克、约翰·B.唐宁、大卫·阿伦·西布雷 编纂，阿尔弗莱德·A.诺普夫出版社，2001

《美国知更鸟》，罗兰德·H.华尔，德克萨斯大学出版社，1999

《知更鸟知道：鸟儿如何揭示自然世界的奥秘》，琼恩·洋，霍顿·米夫林·哈考特出版集团，2012

出版统筹：施东毅
选题策划：耿　磊
责任编辑：李茂军
助理编辑：陈显英　王丽杰
美术编辑：刘冬敏
营销编辑：杜文心
责任技编：李春林

ROBINS!: How They Grow UP by Eileen Christelow
Copyright © 2017 by Eileen Christelow
Published by arrangement with Clarion Books, an imprint of Houghton Mifflin Harcourt Publishing Company through Bardon-Chinese Media Agency
Simplified Chinese translation copyright © (year) by Guangxi Normal University Press Group Co.,Ltd.
All rights reserved

著作权合同登记号桂图登字：20-2017-055 号

图书在版编目（CIP）数据

我们长大了：知更鸟日记 /（美）艾琳·克里斯特洛著绘；马阳阳译．—桂林：广西师范大学出版社，2017.8
　书名原文：Robins! How They Grow Up
　ISBN 978-7-5598-0141-8

Ⅰ．①我… Ⅱ．①艾…②马… Ⅲ．①鸟类－儿童读物 Ⅳ．①Q959.7-49

中国版本图书馆 CIP 数据核字（2017）第 187033 号

广西师范大学出版社出版发行

（ 广西桂林市中华路 22 号　邮政编码：541001 ）
（ 网址：http://www.bbtpress.com ）

出版人：张艺兵
全国新华书店经销
北京尚唐印刷包装有限公司印刷
（北京市顺义区牛栏山镇腾仁路 11 号　邮政编码：101399）
开本：250 mm × 280 mm　1/12
印张：4　　　字数：30 千字
2017 年 8 月第 1 版　　2017 年 8 月第 1 次印刷
印数：0 001~8 000 册　　定价：42.00 元

如发现印装质量问题，影响阅读，请与印刷厂联系调换。